建设工程施工安全管控丛书

房屋建筑工程施工安全
管控指南

普通房屋建筑工程篇

尹欣 / 主编

李欣　石军胜　何健　范作锋 / 副主编

中国矿业大学出版社

·徐州·

内 容 提 要

　　本书是建设工程施工安全管控丛书之一,是根据房屋建筑工程项目施工特点编写而成的,书中对施工过程中常见风险进行了提炼总结,提出了相应的管控措施,并结合施工现场收集了相关图例。本书主要内容包括普通房屋建筑工程和超高层建筑工程在施工过程中各环节的安全管控措施,是施工现场安全管理、技术管理、管理制度制定、应急处置措施制定、方案编制、现场作业人员作业交底的重要依据,对房屋建筑工程施工安全管控具有重要的指导作用。

图书在版编目(C I P)数据

　　房屋建筑工程施工安全管控指南/尹欣主编. —徐州:中国矿业大学出版社,2023.12
　　ISBN 978 - 7 - 5646 - 5756 - 7

　　Ⅰ. ①房… Ⅱ. ①尹… Ⅲ. ①建筑工程－工程施工－安全管理－指南 Ⅳ. ①TU714-62

　　中国国家版本馆 CIP 数据核字(2023)第 038975 号

书　　　名	房屋建筑工程施工安全管控指南
主　　编	尹　欣
责任编辑	黄本斌
出版发行	中国矿业大学出版社有限责任公司
	(江苏省徐州市解放南路　邮编 221008)
网　　址	http://www.cumtp.com　E-mail:cumtpvip@cumtp.com
营销热线	(0516)83885370　83884103
出版服务	(0516)83995789　83884920
印　　刷	苏州市古得堡数码印刷有限公司
开　　本	787 mm×1092 mm　1/16　印张 8.25　字数 196 千字
版次印次	2023 年 12 月第 1 版　2023 年 12 月第 1 次印刷
总 定 价	36.00 元(共两分册)

(图书出现印装质量问题,本社负责调换)

《房屋建筑工程施工安全管控指南》
编 委 会

主　　任：樊金田

副 主 任：徐　立　尹　欣　李　欣

委　　员：徐小明　王　勇　石军胜　何　健　范作锋

　　　　　赵　聪　彭锦发　李明轩　王立军

普通房屋建筑工程篇

主要起草人：王达、岳志远、卢浪、施群凯、刘旭、李刚、焦宝余、康国靓、张磊、董继文、石洋磊

主要审核人：杨勇、孙颖、方涛、田慧、杨帆、朱德君、王勇、张青

超高层建筑工程篇

主要起草人：王立军、陈明飞、李晋清、张佶、李义轩、陈航宇、谭仕超、柳波、张磊、李军、王航、陈东升、吴春燕、陈红明、焦跃、李波、裴博雅、康皓原

主要审核人：巩俊松、何青义、田慧、王勇、杨帆、张富刚

前　言

　　为贯彻"安全第一、预防为主、综合治理"的安全生产方针,有效建立并落实"安全风险分级管控和隐患排查治理双重预防机制",中国二十冶集团有限公司对近年来发生的典型事故案例进行分析,结合建筑施工领域各业务板块的项目特点、施工工艺和施工风险,总结提炼了安全管控重点,形成了建设工程施工安全管控丛书。本丛书对规范建设工程施工现场风险管控,保障建设工程施工企业安全生产具有重要的指导意义。

　　《房屋建筑工程施工安全管控指南》是建设工程施工安全管控丛书之一,包括普通房屋建筑工程篇和超高层建筑工程篇。本书根据房屋建筑工程项目施工特点,对施工过程中常见风险进行了辨识,提出了相应的管控措施,并收集了相关作业图例。本书可作为施工现场安全管理、技术管理、管理制度制定、应急处置措施制定、方案编制、现场作业人员作业交底的重要依据,对房屋建筑工程施工安全管控具有非常重要的指导作用。

　　本书由尹欣任主编,李欣、石军胜、何健、范作锋任副主编,赵聪、彭锦发、李明轩任主审。编者在编写过程中,得到了有关技术专家和安全专家的大力支持与帮助,并参考了诸多专家学者的有关研究成果,在此一并向他们表示衷心的感谢。

　　鉴于房屋建筑工程安全生产涉及面广、影响因素多、技术要求高,加之国家、地方规范和标准更新较快,因此本书编制的内容如果出现与现行国家、地方规范和标准不一致的内容,以现行国家、地方规范和标准为准。

　　由于编者水平有限,书中难免存在疏漏之处,敬请广大读者批评指正。

编　者

2023 年 10 月

目　录

普通房屋建筑工程篇

超高层建筑工程篇

为了更好地指导普通房屋建筑工程的安全管理,更加有针对性地识别风险点,更直接地消除现场安全隐患,确保安全生产,特编写本篇。希望通过本篇的相关内容,能够帮助房屋建筑工程相关管理人员充分识别安全管控重点,规范管理流程与管理行为,梳理管控弱点进行针对性的改进,从而达到安全精准管控的目的。

一、普通房屋建筑工程概述

(一)普通房屋建筑工程特点

普通房屋建筑工程是指各类房屋建筑及其附属设施和与其配套的线路、管道、设备安装工程及室内外装修工程。其主要特点为:

(1)体量和规模较大,群体建筑单体多,占地面积大,工期紧。

(2)地下室多为1层和2层,基坑深度为 $6\sim12$ m,建筑层数多为 $15\sim35$ 层,高度为 $50\sim100$ m,施工工艺较为成熟。

(3)在施工过程中主要存在深基坑、高支模、群塔作业、高处作业、起重运输机械等高风险因素。

(二)安全管理流程

普通房屋建筑工程安全管理流程具体见图1。

(三)管控重点

(1)对于分部分项工程中有关安全管理、安全设施、人员配置的具体工作,要写入招标文件及合同中,并写明处罚条款。

(2)所有施工方案包括安全专项施工方案的审批流程要符合要求,审批人要具有相关专业的技术职称。

(3)对于需要专家论证的超过一定规模的危大工程(危险性较大的分部分项工程,下同)方案,按照专家修改意见进行修改而未达到要求,专家又重新提出修改意见的,要重新完成修改、提交审批,并要注意时间的逻辑性。

(4)工程中多有群塔作业,在编制方案时要有针对性,由专业安装单位进行方案编制工作,施工过程中应严格执行。如果群塔作业牵扯到相邻地块项目的塔式起重机,应统筹考虑进行编制。

(5)基坑监测需紧密联系第三方监测单位,每日要观察数据,如出现异常要及时通报建设单位及监理单位,组织召开专题会议予以解决。

(6)在安全临时设施、脚手架支撑、外脚手架搭设过程中,要及时组织检查,及时整改,消除安全隐患,避免施工完成后不符合

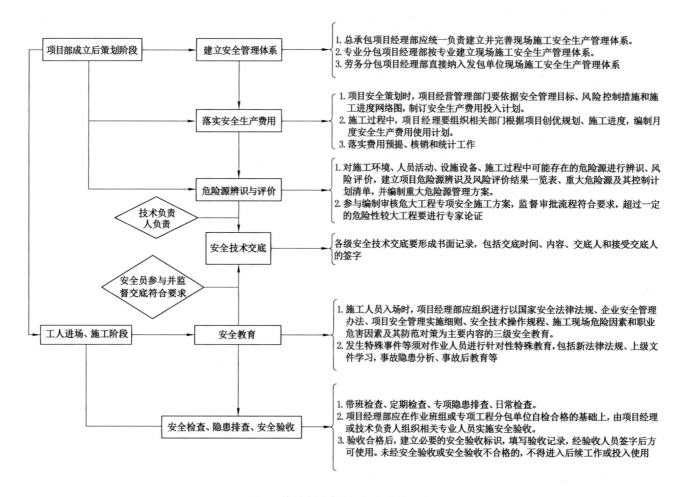

图 1 普通房屋建筑工程安全管理流程

要求,又不容易整改,从而影响安全及进度。

(7)安全设施检查验收时,要严格按照施工方案执行,不得脱离方案施工。如果实际施工确实有困难,应及时变更方案并进行审核。

(8)除总包项目经理带班检查,督促专业分包项目经理履行安全管理责任,督促专业分包、劳务分包按照合同及规范要求配备相应的安全管理人员外,专业分包项目经理同样要带班检查,严格落实安全生产各项工作。

(9)应急救援物资要单独设置仓库并派专人管理,物资清单与应急方案内的清单要一一对应,定期检查应急物资种类、数量以及完好程度,确保应急使用时不出现问题。

二、常见风险及管控措施

(一)桩基工程

1.预制桩施工

序号	风险点	风险分析	管控措施	相关图例
1	桩机安拆条件不满足要求	(1)机械安拆场地不平整;桩基施工地基承载力不够。 (2)桩机安拆时,起重机械选择不当,起重量小。 (3)压桩机液压系统故障、液压管件破裂。 (4)钢丝绳断股、断裂。 (5)起落架与桩锤、导杆不匹配	(1)按照方案平整场地,场地验收合格。 (2)根据吊装重量和吊装距离,按照起重机械吊装性能表,合理选择起重机械。 (3)桩机安拆前检查液压系统的完好性,更换不符合要求的液压管件。 (4)日常定期检查钢丝绳断股、变形情况,发现不符合要求的,立即更换。 (5)检查起落架与导杆是否配套一致,起落架钩头是否完好,起落架型号、性能是否满足桩锤重量需求	 场地平整

表（续）

序号	风险点	风险分析	管控措施	相关图例
2	桩材质量不合格；使用桩机自带吊杆吊桩时无人指挥；桩机倾覆、桩材滚落	（1）桩材质量不符合要求，造成吊桩过程中桩身断裂，断桩坠落伤人。 （2）使用桩机自带吊杆吊桩时无人指挥，造成吊装碰撞驾驶员或其他作业人员。 （3）桩机移动过程中，场地坡度过大，造成桩机倾覆。 （4）管桩堆放未设支垫，堆放过高	（1）对桩材进场质量验收严格把关。 （2）指定专人指挥，严格遵守"十不吊"规定。 （3）桩机行走要专人指挥；场地地基承载力应满足施工要求，不满足要求的地方应采取加固措施。 （4）当场地条件许可时，宜单层堆放；当叠层堆放时，外径为 500～600 mm 的桩不宜超过4 层，外径为 300～400 mm 的桩不宜超过5 层；堆放场地平整，底层规范设置道木或功能相当的其他垫层	管材卸车
3	机械安拆部件吊装、桩材吊运时未检查吊索吊具	（1）未使用专用卸桩吊钩导致脱钩。 （2）桩材卸车、吊运过程中，钢丝绳角度过大或过小导致钢丝绳断裂或脱钩造成人员伤害。 （3）绑扎桩材、吊装所用的钢丝绳断股、断裂、编结长度不足、卡环磨损或超差等造成人员伤害	（1）卸桩吊钩应使用专用吊钩，严禁用法兰螺栓孔作为吊点。 （2）按规范设置两个或三个吊点，确保吊绳角度符合规范要求。 （3）吊装前检查吊索、吊具是否符合规范要求，不符合要求的需整改合格后方能吊装	专用吊钩

表(续)

序号	风险点	风险分析	管控措施	相关图例
4	电缆、电线设置及用电不规范	(1)电线、电缆未做过路保护;电缆接线不符合要求。 (2)桩机与高压线距离不符合规范要求	(1)由专职电工进行电缆接线并将过路电缆、电线采用预埋或过路线盒的方式进行保护。 (2)桩机与架空线路边线的最小安全距离应满足下表要求: 作业距离/电压表见下	 电缆架空
5	桩坑回填不规范	桩坑未及时回填导致人员坠入桩坑	设置桩基施工警戒区域,拉警戒线,无关人员禁止进入;及时回填桩孔,或采用钢筋箅子等其他措施封堵,确保桩孔安全	 桩孔钢筋箅子防护

管控措施(4)内嵌表:

作业距离	电压/kV						
	<1	10	35	110	220	330	500
垂直方向/m	1.5	3.0	4.0	5.0	6.0	7.0	8.5
水平方向/m	1.5	2.0	3.5	4.0	6.0	7.0	8.5

表（续）

序号	风险点	风险分析	管控措施	相关图例
6	高处作业不规范	爬高检修故障，未按规范系挂安全带	高度超 2 m（含）作业时，必须按规范佩带安全带	 安全带规范使用

2. 灌注桩施工

序号	风险点	风险分析	管控措施	相关图例
1	桩机安拆条件不满足要求	（1）场地地基承载力不足；桩机未垫平整。 （2）作业人员戴手套整理卷扬机钢丝绳，被卷入伤害。 （3）钻杆安拆时吊起钻杆，钻杆摆动伤人	（1）按要求对场地验收；桩机按方案要求安装平整。 （2）桩机作业时，严禁整理钢丝绳。 （3）起吊钻杆，应在钻杆上设置拉绳，确保钻杆起吊不摆动	 灌注桩机施工

表(续)

序号	风险点	风险分析	管控措施	相关图例
2	电缆、电线设置及用电不规范	(1)钢筋笼焊接连接时,电线、电缆、用电器具接线不符合要求。 (2)桩机与高压线距离不符合规范要求	(1)安排专职电工进行日常检查。 (2)桩机与高压线距离应满足要求,高压线做防护措施	 高压线防护
3	钢筋笼焊接质量不合格	钢筋笼焊接质量不符合要求,吊装时笼子散架	严格把控钢筋笼制作质量	 钢筋笼焊接

表（续）

序号	风险点	风险分析	管控措施	相关图例
4	混凝土浇筑前未检查输送管道连接情况	泵车浇筑混凝土时,前段输送软管脱落伤人	浇筑前,检查泵车软管连接是否牢靠	 标准泵管连接扣件
5	罐车挤压	浇筑混凝土时工作人员被罐车挤压	(1) 对罐车司机进行入场安全教育;现场设置限速警示牌。 (2) 安排专职安全管理人员旁站;机长开展班前教育活动,确保浇筑条件安全	 行车警示标志
6	其他	(1) 泥浆池未设置临边防护。 (2) 桩坑未及时回填	(1) 泥浆池按要求做好标准化建设,设置临边防护围栏。 (2) 桩坑及时回填	 泥浆池临边防护

（二）基坑与土方开挖工程

序号	风险点	风险分析	管控措施	相关图例
1	基坑围护结构发生管涌	施工过程中垂直度控制不佳、底部开叉、混凝土浇筑间断、新旧混凝土间出现接缝、地下连续墙出现不均匀沉降，均有可能造成基坑围护结构发生管涌	（1）严格控制地下连续墙等围护结构的垂直度，避免开叉。 （2）地下连续墙施工时，严格控制刷壁质量，确保刷壁效果。 （3）混凝土连续浇筑，避免出现二次浇筑接槎。 （4）地下连续墙需进行墙趾注浆	 地下连续墙
2	基坑土体滑坡	基坑开挖坡度过大、降水效果不佳、暴雨冲刷边坡、坡顶堆载或者周边积水向坑内渗流	（1）根据项目地下水文条件采取有针对性的降水措施，保证降水效果。 （2）严格控制基坑开挖坡度。 （3）基坑开挖过程中坡底设置排水沟、集水坑、坡顶设置排水沟。 （4）暴雨前边坡铺设塑料薄膜，坡底挖出集水坑并设置大功率水泵抽水。 （5）坡顶2m范围内严禁堆载，不得设置施工便道	 1—井点管；2—金属棒；3—地下水降落曲线。 基坑降水示意图

表（续）

序号	风险点	风险分析	管控措施	相关图例
3	基坑支撑失稳	支撑设计强度不够、监测数据不真实或发现异常未重视、采用有缺陷支撑材料、预应力传感器失效等	（1）严把材料关，杜绝有缺陷材料进场。 （2）施工过程中严格按施工方案进行。 （3）及时对基坑进行监测，分析数据有无异常。 （4）及时检查传感器，并设置保护措施。 （5）根据立柱沉降情况及时调整支撑。 （6）支撑失稳前提前采取加固或补撑措施	 数据观测点
4	基坑开挖周边沉降量过大，影响周边建筑及管线安全	施工过程中围护结构漏水或涌砂、承压水抽排过量、开挖净高过高、围护结构变形超标未及时加撑或支撑体系强度不能满足要求	（1）对影响范围内建筑进行必要的预加固。 （2）超前探挖，降低风险。 （3）分层开挖，及时支撑，快速封闭。 （4）加强对周边建筑及管线的监测，密切关注围护变形情况。 （5）对存在安全隐患的围护结构进行加强处理，开挖后立即进行封堵处理。 （6）支撑与围护体系可靠连接，减少失稳风险	 沉降观测

序号	风险点	风险分析	管控措施	相关图例
5	起重吊装	吊车吨位不满足要求、吊点设置不规范、违章指挥或者违章作业	（1）起重吊装的指挥人员必须持证上岗，作业人员与指挥人员密切配合，且起重机的各类安全开关必须齐全完好。 （2）起重机械作业时，拉起警戒线，起重臂和重物下方严禁有人停留或施工。 （3）严格控制钢支撑的原材质量及拼装质量	 钢支撑
6	基坑安全防护不到位	临边防护不及时或未按规范要求搭设	（1）基坑开挖深度超过 2 m 时，应及时搭设临边防护。 （2）严格按照规范进行搭设： ① 防护栏杆高度不低于 1.2 m。 ② 防护栏杆立杆间距不大于 2.0 m，立杆离边坡距离大于 0.5 m，横杆设置 2～3 道，下杆离地 0.3～0.6 m，上杆离地 1.2～1.5 m。 ③ 防护栏杆挂密目网，设挡脚板，挡脚板高度不应小于 180 mm，挡脚板下沿离地高度不应大于 10 mm。 ④ 刷红白警示漆，并设置警示牌	 基坑临边防护

表(续)

序号	风险点	风险分析	管控措施	相关图例
7	基坑临时上下通道搭设不到位	基坑临时上下通道搭设不及时或搭设不规范	(1) 土方开挖完成立即搭设临时上下通道。 (2) 按要求搭设通道: ① 梯道的宽度不应小于1 m。 ② 梯道应设扶手栏杆,梯道防护栏杆应为两道横杆,上杆高度1.2 m,下杆高度0.6 m,挡脚板高度不小于180 mm。 ③ 采用斜道时,应采取加设间距不大于400 mm的防滑条等防滑措施	 基坑上下通道
8	基坑支撑拆除不当	基坑支撑拆除顺序不当、未按施工方案进行拆除、拆除过程安全防护不到位	(1) 严格按照专项施工方案进行拆除。 (2) 拆除过程中,严格按要求搭设安全防护设施,施工人员正确佩戴劳动防护用品	 基坑支撑梁拆除

（三）模板工程

序号	风险点	风险分析	管控措施	相关图例
1	未按规定编审专项施工方案	（1）未编制专项施工方案。 （2）方案无适当安全冗余。 （3）施工荷载考虑不全。 （4）未按实际支模高度确定顶部步距进行立杆稳定性验算。 （5）风荷载计算与当地地形地貌不符。 （6）专项施工方案未按规定审批或论证	（1）施工前应按规定编审专项施工方案。 （2）材料的工作应力一般不宜大于许用应力的80%。 （3）应结合施工工艺和所用机械考虑施工荷载取值，对布料机等集中荷载处应额外加强。 （4）应按照实际支模高度确定顶部步距进行立杆稳定性验算，对于无固定模数的扣件式脚手架可采用线性插值法确定计算长度系数。 （5）应按周边地形地貌对当地基本风压进行折算。 （6）专项施工方案应按规定进行审批，超过一定规模的危险性较大的分部分项工程专项施工方案应按规定组织论证	 模板支架规范搭设
2	未按规定进行交底	（1）实施作业前未进行技术交底。 （2）技术交底针对性不强。 （3）技术交底未包含所有管理及作业人员	（1）实施作业前应按规定进行技术交底。 （2）交底应具有针对性，对模板及支架搭设参数应有详尽交代。 （3）技术交底应包含所有管理及作业人员，后进场人员应单独再次交底	 技术交底

表（续）

序号	风险点	风险分析	管控措施	相关图例
3	材料选用错误或选用不合格材料	（1）模板、木方的木材种类、厚度、截面尺寸与方案不符。 （2）使用的钢管、杆件型号与方案不符。 （3）使用非标准钢管、杆件、零配件。 （4）钢管、杆件、零配件锈蚀严重，有效截面积小于计算截面积。 （5）钢管、杆件、零配件未经进场检验即投入使用	（1）应按照方案选择模板、木方。 （2）应按照方案所采用的型号规格采购或租赁钢管、杆件。 （3）应采购或租赁标准规格的钢管、杆件、零配件。 （4）不应使用锈蚀严重的钢管、杆件、零配件。 （5）钢管、杆件、零配件进场后应按规定进行抽样送检，合格后方可使用	 钢管壁厚测量
4	模板加工作业过程中的不安全行为	（1）木工机械上方未设置防护棚或防护棚设置不符合要求。 （2）作业人员戴手套操作平刨。 （3）电锯未设置防护罩	（1）木工加工区应按规定设置防护棚。 （2）为作业人员提供相应的劳动防护用品，并进行相关操作规程教育培训。 （3）电锯应设置防护罩	 木工加工棚

序号	风险点	风险分析	管控措施	相关图例
5	材料堆放、吊运过程中的不安全操作	（1）模板堆放高度过高。 （2）模板存放无防倾倒措施或存放不符合要求。 （3）模板堆场、加工区未配备灭火器材。 （4）模板码放不整齐、捆绑不牢。 （5）吊运用钢丝绳起刺、断股。 （6）模板离地 1 m 以上时作业人员靠近。 （7）超荷载吊运模板。 （8）吊运时吊点不足。 （9）夜间吊运照明不足。 （10）模板就位后未连接牢固即摘除卡环	（1）模板的堆放一般以平卧为主，对桁架或大模板等部件，可采用立放形式，但必须采取抗倾覆措施。 （2）模板堆场、加工区应按规定配备灭火器材。 （3）需要安装的模板、材料按构件尺寸随运随用，不得在施工层乱堆乱放。 （4）严格按照钢丝绳使用安全规范，达到报废标准的，一律禁止使用。 （5）吊装过程中，严禁人员靠近。 （6）严格遵守"十不吊"要求。 （7）尽量避免夜间吊运，夜间吊运时应设置充足照明。 （8）模板就位后应连接牢固，然后再摘除卡环	 模板堆场配备消防器材
6	模板支架地基沉降	模板支架地基承载力不足或因浸水等原因沉降	地基承载力应进行验算，模板支架支撑在回填地基上时，应先对地基夯实再进行后续工序	 模板支架地基坚实

表（续）

序号	风险点	风险分析	管控措施	相关图例
7	保证模板支架稳定性的构造措施不规范	（1）扫地杆及底部剪刀撑设置不规范。 （2）水平杆设置不规范或缺杆。 （3）封顶杆及顶部水平剪刀撑设置不规范。 （4）扣件式架体未设置剪刀撑或剪刀撑设置不规范。 （5）盘扣式架体未按照方案设置斜杆或剪刀撑	（1）应设置纵、横向扫地杆，安全等级为Ⅰ级的支撑脚手架应按方案在扫地杆位置设置水平剪刀撑，且剪刀撑竖向间距不超过8 m。 （2）沿立杆每步均应设置纵横水平杆且纵横两向均不缺杆。 （3）应设置纵横两向封顶杆，封顶杆位置应设置水平剪刀撑。 （4）安全等级为Ⅰ级的扣件式架体竖直方向应沿纵、横向全高全长从两端开始每4～6 m设一道剪刀撑，安全等级为Ⅱ级的扣件式架体竖直方向应沿纵、横向全高全长从两端开始每6～9 m设一道剪刀撑。 （5）盘扣式架体应按照方案设置斜杆或剪刀撑	 模板支架扫地杆
8	模板安装施工过程中的不当行为	（1）模板安装高度超过3 m时，未搭设脚手架。 （2）模板支架立杆采用搭接。 （3）将钢管从楼层中挑出作为立杆支座。	（1）高处作业应设置脚手架。 （2）模板支架的立杆应对接，禁止搭接。 （3）禁止将钢管从楼层中挑出作为立杆支座。	 立杆对接

表（续）

序号	风险点	风险分析	管控措施	相关图例
8	模板安装施工过程中的不当行为	（4）使用叠层搭设的木材支撑模板。 （5）利用作业脚手架支撑模板。 （6）将钢管从外脚手架上伸出斜支悬挑模板。 （7）用水平杆相互扣接代替水平杆与立杆扣接。 （8）混凝土泵管与模板支架连接。 （9）未组织模板及架体验收	（4）不应使用叠层搭设的木材支撑模板。 （5）不应利用作业脚手架支撑模板。 （6）禁止将钢管从外脚手架上伸出斜支悬挑模板。 （7）水平杆应当与立杆扣接，禁止用水平杆相互扣接代替水平杆与立杆扣接。 （8）禁止输送混凝土的泵管与模板支架连接。 （9）模板搭设完成后应验收合格方可使用	 模板搭设
9	模板拆除过程中的不当行为	（1）临边模板拆除作业时未系安全带。 （2）电梯井拆模无水平防护安全网。 （3）拆模顺序不当。 （4）作业层超荷载集中堆放模板。	（1）临边模板拆除作业应系安全带。 （2）电梯井拆模作业应设置水平防护安全网。 （3）应遵循先支后拆、后支先拆的原则。 （4）拆下的模板及脚手架、构配件应及时运走，不在作业层超荷载集中堆放。	 电梯井水平防护网

表（续）

序号	风险点	风险分析	管控措施	相关图例
9	模板拆除过程中的不当行为	（5）拆模时间过早，且无拆模试块强度报告。 （6）模板拆除区域未设置警戒线，且无监护人。 （7）大片整体翘动拆除顶板模板。 （8）模板拆除时仅留有悬空模板。 （9）后浇带处支模体系未保留	（5）梁、板模板应在混凝土达到规定强度后方可拆除。 （6）模板拆除时应设置警戒区域，作业区内不得有其他工程作业，并应设置专人监护，严禁非操作人员进入。 （7）不应大片整体翘动拆除顶板模板。 （8）底模应随架体一同拆除，不应仅拆除支架留有悬空模板。 （9）后浇带处模板应单独设置，且不随其他模板一同拆除，也不应拆除后再回顶	 后浇带模板

（四）塔式起重机、人货电梯安拆及使用

1. 大型设备安全管理全流程

专业分包招标──分包合同电商平台评审──确定专业安装单位、签订分包合同及安全生产管理协议──专业分包进场──编制、审批专项施工方案──专项施工方案交底──设备进场验收──施工条件验收──作业人员登记──安全技术交底──班前安全告知──安装调试作业、项目经理带班、专职安全管理人员旁站──进行专业检测，出具检测报告──五方验收──政府备案。

2. 塔式起重机、人货电梯起重运输工程常见风险及管控措施

序号	风险点	风险分析	管控措施	相关图例
1	进场前未签订安全生产管理协议	施工行为的合法合规性没有保障	进场前必须签订安全生产管理协议	 签订安全生产管理协议
2	未编制大型设备安拆专项施工方案或方案审批不规范	(1) 未编制大型设备安拆专项施工方案、群塔方案,无方案施工,形成管理缺失风险。 (2) 方案未经批准或方案审批流程不规范,形成管理缺陷风险。	(1) 严格执行危大工程管控相关规定,无专项施工方案不施工。 (2) 实行施工总承包的,专项施工方案应当由施工总承包单位组织编制。危大工程实行分包的,专项施工方案可以由相关专业分包单位组织编制。 (3) 专项施工方案应当由施工单位技术负责人审核签字、加盖单位公章,并由总监理工程师审查签字、加盖执业印章后方可实施。危大工程实行分包并由分包单位编制专项施工方案的,专项施工方案应当由总承包单位技术负责人及分包单位技术负责人共同审核签字并加盖单位公章。	 大型设备安拆方案

表（续）

序号	风险点	风险分析	管控措施	相关图例
2	未编制大型设备安拆专项施工方案或方案审批不规范	（3）未进行方案交底和安全技术交底，或交底流程不规范，形成安全管理缺失风险	（4）对于超过一定规模的危大工程，施工单位应当组织召开专家论证会对专项施工方案进行论证。实行施工总承包的，由施工总承包单位组织召开专家论证会。专家论证前专项施工方案应当通过施工单位审核和总监理工程师审查。 （5）专项施工方案实施前，编制人员或者项目技术负责人应当向施工现场管理人员进行方案交底。 （6）施工现场管理人员应当向作业人员进行安全技术交底，并由双方和项目专职安全生产管理人员共同签字确认。同时告知建设单位、监理单位	 进行安全技术交底
3	验收、监管不到位	（1）未组织设备进场验收。 （2）未组织施工条件验收。 （3）未进行作业人员登记。	（1）设备进场后，应进行设备进场验收。验收内容包含但不限于： ① 进厂设备符合合同要求型号及施工现场机械设备安全、完好技术标准； ② 进厂的大型设备必须有"两证一报告"，即生产许可证、产品合格证、出厂检测报告。 （2）危大工程实施前，项目经理应组织工程、技术、安全、设备、物资等部门负责人员，对专项施工方案、施工材料、设备机具、现场周边环境、安全防护和安全警示标志等进行验收，填写危大工程施工条件验收表。超过一定规模的危大工程的施工条件验收，公司技术、施工、质量、安全等职能部门相关负责人应参加。 （3）项目部应进行作业人员登记，对登记人员进行三级安全教育。	 危大工程作业人员登记表

表(续)

序号	风险点	风险分析	管控措施	相关图例
3	验收、监管不到位	(4) 未开展班前安全告知活动。 (5) 未执行领导带班。 (6) 未进行第三方检测。 (7) 未组织使用前五方主体验收。 (8) 未进行使用登记。 (9) 未挂验收牌。 (10) 未进行大型设备日常检查、周检查、月检查。 (11) 未督促设备定期维保和第三方定期检测	(4) 班组长应组织班前安全活动,进行班前安全告知,填写班组安全活动记录本;专职安全员应监督班组班前活动,抽查班组长班组安全活动记录本。 (5) 大型设备安拆施工,项目经理应按规定执行领导带班,填写带班记录;专职安全管理人员应进行安全旁站管理,填写旁站记录。 (6) 按照大型特种设备相关管理规定,项目工程部应组织第三方对已经安装的设备进行检查,并出具检查报告。 (7) 按照项目安全生产责任制规定,项目经理应在设备使用前组织五方进行设备使用前验收,并填写验收记录。 (8) 按照大型特种设备相关管理规定,项目工程部应在五方主体验收后一个月内,按照政府职能部门要求,到当地特种设备管理部门(线上或线下)办理大型设备使用登记,相关部门出具特种设备使用登记证书。 (9) 安环部督促分包挂验收牌。 (10) 按照相关规定,大型设备操作人员应进行每日开机前的日常检查,填写设备日常运转记录;项目安全主管领导应每周组织设备检查,督促隐患整改,填写检查整改记录;项目经理应组织大型设备月度检查,填写检查整改记录。 (11) 项目经理部应定期督促分包单位进行设备维保,分包单位应如实填写维保记录,项目工程管理部应留存维保记录;项目部应根据当地主管部门要求,督促第三方及时检测设备安全性能,出具检测报告	开展班前安全告知 悬挂验收牌

（五）脚手架工程

序号	风险点	风险分析	管控措施	相关图例
1	落地式脚手架立杆基础	（1）立杆基础不平、不实。 （2）立杆底部底座、垫板不符合要求。 （3）纵、横向扫地杆的设置不符合要求	（1）浇筑外架垫层前，对基础土方处理并组织验收。 （2）脚手架在第一步搭设过程中应进行检查，对不符合要求的进行返工，否则严禁向上搭设	 落地脚手架立杆基础
2	超高	因超高造成架体质量超重，原悬挑钢梁超限导致架体倒塌	施工前编制专项施工方案，并进行方案交底、安全技术交底，施工过程中严格按照方案搭设，安全、工程、技术管理人员进行全过程检查	 悬臂钢梁式脚手架搭设

表（续）

序号	风险点	风险分析	管控措施	相关图例
3	人员	（1）搭设人员未取得特种作业操作证。 （2）搭设人员未进行身体健康检查	（1）严把工人进场关，在进场安全教育时，同步收取特种作业证件，无证件的工人严禁进行架体搭设。 （2）收集作业人员近期体检报告，无体检报告的人员禁止作业。检查体检报告，若有高血压等不适合作业的，不允许进行架体搭设作业	 特种人员操作证
4	机械吊装	（1）吊车驾驶员、指挥工、司索工无证上岗。 （2）违反"十不吊"规定。 （3）高空坠物	（1）严把工人进场关，在进场安全教育时，同步收取特种作业证件，无证件的工人严禁进场作业。 （2）对工人进行安全警示教育，使其认识到违反"十不吊"规定将会造成什么后果，以及对违反者进行何种惩罚。 （3）起吊前严格检查捆绑状态、清理场地，防止高空坠物。地面设置警戒区域，警戒区域内严禁行人。 （4）安全管理人员在吊装过程中全程旁站、检查	 起重作业"十不吊"规定
5	材料问题	进场的钢管、扣件等材料无法满足使用需要	（1）严把材料进场关，材料进场前，物资人员组织进行材料验收，不合格材料严禁入场。 （2）场地内材料保管环境要控制，严禁材料堆放场地积水，使用过程中锈蚀严重、变形严重的材料严禁使用	 材料堆放示意图

序号	风险点	风险分析	管控措施	相关图例
6	落地式脚手架未按方案施工	(1)架体与建筑结构拉结不符合要求。 (2)杆件间距与剪刀撑设置不符合要求	(1)架体连墙件严格按方案设置,严格控制纵横向间距,严格控制转角处连墙件设置。严禁内外架相连,严禁卸料平台与外架相连。 (2)按照方案要求控制立杆间距、步距等。纵向剪刀撑应沿脚手架高度连续设置,角度为45°~60°。架体开口处应设置Z形撑	 柔性拉结示意图 钢管扣件刚性连墙杆示意图
7	悬挑式脚手架未按方案施工	搭设过程中未按方案进行搭设	(1)预埋件严格按照方案进行预埋,隐蔽工程应对其进行验收,不合格的不允许浇筑。 (2)连墙件严格按照方案间距进行布置,隐蔽工程验收时对连墙件布置进行验收,不合格的不允许浇筑。一字型、开口型脚手架的端部应增设连墙件。 (3)悬挑钢梁严格按照方案要求进行选用。 (4)悬挑钢梁与预埋件之间必须使用木楔等塞实。 (5)转角等特殊部位应根据现场实际情况采取加强措施,并且在专项施工方案中应有验算和构造详图。 (6)钢丝绳等柔性材料不得作为悬挑结构的受拉构件	 悬挑型钢固定做法

表(续)

序号	风险点	风险分析	管控措施	相关图例
8	使用过程	(1) 临边防护不符合规范。 (2) 超载使用。 (3) 私自拆除或移动架体上安全防护设施。 (4) 利用架体吊运物料。 (5) 动火作业时无防火措施。 (6) 在恶劣天气中作业	(1) 脚手板应满铺、固定并不得有探头板;架体严格进行软硬隔离防护及设置挡脚板。 (2) 悬挑层使用模板将悬挑钢梁、架体与结构间隙封实。悬挑层以上架体严格进行软硬隔离防护。 (3) 架体上的施工荷载必须符合设计要求,在一个跨距内各操作层施工均布荷载标准值总和及集中荷载不得超过方案数值;架体上的建筑垃圾及其他杂物应及时清理。 (4) 后续施工过程中严禁私自拆除连墙件,必须拆除时,应报告项目部,采取合理加固措施。 (5) 对工人进行安全教育,并在施工过程中进行日常检查,发现违规的应重罚,并对其进行公示,起到警示作用。 (6) 在脚手架上进行电、气焊作业时,必须有防火措施和安全监护。 (7) 6级(含6级)以上大风及雷雨、雾、大雪等天气时严禁继续在脚手架上作业。雨、雪后上架作业前应清除积水、积雪,并应有防滑措施。夜间施工应制定专项施工方案,提供足够的照明及采取必要的安全措施。 (8) 悬挑式脚手架停用时间超过一个月或遇6级及以上大风或大雨(雪)后,应按要求进行安全检查,检查合格后方可继续使用	 槽钢层封闭防护

表（续）

序号	风险点	风险分析	管控措施	相关图例
9	拆卸过程	（1）人员未进行安全教育、未持证上岗。 （2）坠物伤人。 （3）拆除过程中架体失稳、倒塌	（1）严把准入关，无安全教育记录、安全技术交底记录、操作证严禁进场作业。 （2）拆除脚手架前应全面检查脚手架的扣件、连墙件、支撑体系等是否符合构造要求，同时应清除脚手架上的杂物及影响拆卸作业的障碍物。拆除杆件及构配件均应逐层向下传递，严禁抛掷物料。地面设置警戒区，严禁无关人员进入。安全管理人员应旁站监督检查。 （3）拆除作业必须由上而下逐层拆除，严禁上下同时作业。拆除脚手架时连墙件必须随脚手架逐层拆除，严禁先将连墙件整层或数层拆除后再拆脚手架。脚手架采取分段、分立面拆除时，事先应确定技术方案，对不拆除的脚手架两端，事先必须采取必要的加固措施	 架体拆除设置警戒区域

（六）卸料平台

1. 落地式卸料平台

序号	风险点	风险分析	管控措施	相关图例
1	未按方案施工	未按方案施工，搭设及使用过程中造成人员伤害	（1）编制方案，进行方案交底、安全技术交底，现场施工严格按照方案进行。 （2）落地式卸料平台搭设完成后，必须经过验收并挂牌后再投入使用。 （3）6级及以上大风或其他恶劣天气时，停止平台的搭设和使用	 落地式卸料平台
2	卸料平台失稳	（1）卸料平台超高。 （2）卸料平台高宽比过大。 （3）卸料平台未设置连墙件。 （4）卸料平台一次搭设高度过高	（1）落地式卸料平台搭设高度不应大于 15 m，高宽比不应大于 3：1。 （2）落地式卸料平台应当从第一步水平杆起逐层单独设置连墙件，且间隔不应大于 4 m，严禁与内外脚手架相连接。同时应同步设置水平剪刀撑。 （3）落地式卸料平台搭设应符合相关脚手架搭设的规定，应当在立杆下部设置底座或垫板、纵横向扫地杆，并应设置连续的剪刀撑。 （4）落地式卸料平台一次搭设高度不应超过相邻连墙件以上两步	 落地式卸料平台搭设

表（续）

序号	风险点	风险分析	管控措施	相关图例
3	临边作业	因临边防护不到位，导致人员受到伤害	（1）操作面必须满铺脚手板，并绑扎牢靠。操作面临空三面设置不低于 1.2 m 防护栏杆，防护栏杆底部设置 200 mm 高挡脚板。 （2）平台与主体结构间铺设平整的通道板，操作平台及楼层临边应设置防护挡板进行全封闭	 卸料平台临边防护
4	超重	因平台承重过重，导致平台倒塌	使用前应设置限重牌，写明限制重量，张挂在平台醒目位置，并在班前交底和安全技术交底中写明	 卸料平台限重牌
5	物体坠落打击	卸料平台搭设、拆除过程中，部件坠落伤人	平台搭设和使用时，地面应设置专人监护，并设置警戒区域	 安拆时专人监护

2. 悬挑式卸料平台

序号	风险点	风险分析	管控措施	相关图例
1	未按方案施工	未按方案施工,搭设及使用过程中造成人员伤害	(1) 编制相应的方案,进行方案交底和安全技术交底,现场施工严格按照方案进行。 (2) 落地式卸料平台搭设完成后,必须经过验收并挂牌后再投入使用。 (3) 6 级及以上大风或其他恶劣天气时,停止平台的搭设和使用	 卸料平台验收牌
2	平台失稳	平台由于各种原因倒塌,造成人员伤害	(1) 使用前应设置限重牌,写明限制重量,张挂在平台醒目位置,并在班前交底、安全技术交底中写明。 (2) 悬挑式卸料平台的搁置点、拉结点、支撑点应当设置在稳定的主体结构上,并应可靠连接。 (3) 严禁将卸料平台与内外架等设施连接。 (4) 悬挑端长度不宜大于 5 m,固定端长度不应小于悬挑端长度的 1.25 倍。 (5) 平台的悬挑主梁必须使用整根槽钢或工字钢,不能焊接接长	 拉结点、支撑点示意图

表(续)

序号	风险点	风险分析	管控措施	相关图例
3	临边作业	因临边防护不到位,导致人员受到伤害	平台临空三面临边应设置围挡,围挡高度为1.5 m,围挡使用硬质材料,严禁开孔	 平台围挡
4	物体坠落打击	平台在安装、拆除和使用过程中物体坠落伤人	(1) 平台满铺脚手板并固定牢靠。平台临边护栏上严禁挤靠放置物料或探出护栏放置物料。 (2) 平台与主体结构间铺设平整的通道板,操作平台及楼层临边应设置防护挡板进行全封闭。 (3) 平台搭设和使用时,地面应设置专人监护,并设置警戒区域	 平台与主体间封闭防护

表(续)

序号	风险点	风险分析	管控措施	相关图例
5	钢丝绳失效	钢丝绳本身及固定的吊环、绳卡失效导致人员受到伤害	(1) 钢丝绳安装时检查是否有断股、变形等情况,不合格的严禁使用。 (2) 采用斜拉方式的悬挑平台,平台两侧应设置4个吊环并与前后两道斜拉钢丝绳连接,钢丝绳采用专用绳夹连接,绳夹数量应与钢丝绳直径相匹配,且不得少于4个。 (3) 使用过程中操作人员和检查人员应随时检查各部位连接情况	 卸料平台吊环、绳卡

(七)吊篮

序号	风险点	风险分析	管控措施	相关图例
1	安装拆卸	安装拆卸过程中,由于天气、人员本身等原因,造成人员伤害	吊篮进场时应对吊篮进行进厂验收,检查其结构是否完整,人员证件、出厂合格证等是否齐全,安全锁是否在有效期内。安装应由专业安装公司进行安装,安装前,必须对有关技术人员和操作人员进行安全技术交底,要求内容齐全、有针对性,交底双方签字	 吊篮安装示意图

表（续）

序号	风险点	风险分析	管控措施	相关图例
2	超重	超重使用,造成吊篮坠落等	(1) 吊篮的选择必须经过验算,建筑物的支撑处应能承受吊篮全部重量。 (2) 安装完毕后经使用单位、安装单位、总包单位验收合格后方可使用,设置验收合格牌和限重牌,张挂在吊篮显眼位置。 (3) 吊篮内作业人员不应超过2人	 张贴限重牌
3	机械故障	使用过程中各个部件问题及安全设施失效等问题导致人员伤害等	(1) 每日使用前和使用过程中,应对电缆安全锁、上行程限位装置、手动滑降装置、安全钢丝绳等安全装置进行检查,并应对配重进行重点检查。 (2) 吊篮前梁外伸长度、吊篮组装长度应符合产品说明书的规定;吊篮须单独设置安全绳,绳径应符合产品说明书要求。当吊篮在受风力影响的户外区域使用并且作业高度大于 40 m 时,应安装约束系统或有限制使用。 (3) 安全钢丝绳应独立设置,并通过安全锁。 (4) 吊篮配重保证结构完整,并且必须上锁锁死。 (5) 提升机出现漏油现象时应立即停止使用。 (6) 安全钢丝绳和工作钢丝绳均应在地面坠有重物	 吊篮上行限位器

表(续)

序号	风险点	风险分析	管控措施	相关图例
4	人员	人员操作不当、未持证上岗等原因造成人员伤害	(1) 吊篮作业人员须持有正规吊篮操作工证件,并经项目部安全教育、安全技术交底后再施工。施工过程中劳动保护用品必须佩戴正确。 (2) 吊篮上严禁踩踏其他物品进行登高。 (3) 上下吊篮必须在地面进行,严禁从窗洞口进出。 (4) 每次吊篮作业结束后,吊篮应当降落至地面,并将电源切断。电源应有防护设施,防止非工作人员打开。 (5) 吊篮两端必须同步上下,严禁倾斜使用。 (6) 5级以上大风时禁止吊篮作业	 作业完成吊篮落地
5	临时用电	吊篮使用过程中发生触电等事故	(1) 吊篮必须有专用配电箱并上锁。 (2) 专用配电箱需满足临时用电规范要求。 (3) 接电等必须由专业持证电工操作。 (4) 吊篮上配电箱应有防止非工作人员误操作设施	 二级配电箱

（八）装配式建筑工程

序号	风险点	风险分析	管控措施	相关图例
1	运输	（1）地下室顶板上行车道承载力不足，构件运输车辆将顶板压塌。 （2）构件在车辆装货时未使用专用支架或未按规定绑扎固定，造成运输过程中固定件松脱、构件掉落。 （3）大型构件（超高、超宽、超长）运输对现场、周边路线造成影响	（1）进场前规划现场行车路线，地下室顶板区域请设计单位复核顶板强度是否满足要求，不满足的需请设计单位补充支撑或加大配筋。 （2）使用专用支架、专用捆扎带固定构件，在与构件接触的转角处、构件与钢支架接触位置设置软胶垫，防止捆扎带磨损或破坏构件。 （3）设计全面的吊装运输方案，明确运输车辆，合理设计并制作运输架等装运工具。向有关部门申报，经批准后，在指定路线上行驶。牵引车上悬挂安全标志，超高的部件专人照看，并配备适当保护器具，保证在有障碍物的情况下安全通过。大型构件在实际运输之前应踏勘运输路线，确认运输道路的承载力（含桥梁和地下设施）、宽度、转弯半径和穿越桥梁、隧道的净空与架空线路的净高满足运输要求，确认运输机械与电力架空线路的最小距离符合要求，必要时可以进行试运输	 车辆走规划路线 构件运输专用支架

表（续）

序号	风险点	风险分析	管控措施	相关图例
2	堆放	（1）堆放场地基础不合格引起沉降，导致构件倾倒、地下室顶板压塌。 （2）作业人员在堆放区域休息、长时间逗留。 （3）竖向构件未使用专用堆放架，导致构件倾倒。 （4）构件未分类、堆放杂乱，吊装碰撞、倾倒	（1）对规划的堆放场地地基或顶板承载力进行设计验算，不满足的需做地基加固或请设计单位补充增强顶板强度，做支撑加固措施。 （2）构件堆放场地应平整坚实，排水措施良好，不得浸泡影响地基强度。严禁工人非工作原因在存放区长时间逗留、休息，在预制外墙板之间的间隙中休息，防止墙板倾覆造成人体挤压伤害。 （3）必须使用有防倾倒功能的专用堆放架。一端用三角木楔固定在支架上，底部设置垫木。 （4）空调板、阳台、楼梯等造型比较复杂的小型预制构件，宜单个构件平放，加设垫木或支撑，保持预制构件的整体稳定	 构件专用堆放架
3	吊装	（1）单件构件重量过大，超过塔式起重机最大起吊能力。 （2）吊装顺序不合理、不明确，造成无法安装或强行安装。 （3）钢筋工提前将竖向钢筋接长，导致墙板安装困难。 （4）外脚手架搭设高度过高，构件吊装时可能会碰撞脚手架影响构件安全安装。	（1）深化设计，将构件进行优化、拆分为多个小构件。 （2）明确吊装顺序，对构件进行编号，按照顺序现场进行吊装。 （3）合理安排工序，吊装班组先安装完墙板后，钢筋工再将竖向钢筋接长。 （4）外脚手架搭设高度应配合主体结构施工进度进行搭设，一般为超过主体结构面1～2步。 （5）塔式起重机司机、指挥人员持证上岗；吊装范围内进行临时性隔离，非作业人员不得入内；6级及以上大风天气应停止吊装作业，遵守"十不吊"规定。	 构件标号

表（续）

序号	风险点	风险分析	管控措施	相关图例
3	吊装	（5）信号司索工与塔式起重机司机信号不统一。 （6）吊索具破损，使用非专用吊索具，未按照设计的吊点进行吊装。 （7）安装人员、摘钩人员防护措施缺失	（6）必须使用满足施工方案要求的专用吊索具（吊架），专用吊索具资料、合格证齐全。 （7）在设置的或设计的吊点处进行吊装，墙板按预埋钢筋吊环、预制梁按预埋钢筋吊环、楼梯按预埋专用螺栓吊具、叠合板按图纸标示吊点位置进行着钩。 （8）专用吊索具不混用，即吊墙板的索具和吊楼梯、叠合板的索具不混用，防止构件在起吊过程中因吊点缺少而掉落。 （9）定期检查吊索具的磨损情况，做好吊索具钢丝绳报废记录。 （10）吊装前必须对每一块墙板的预埋吊环进行检查，检查吊环周围有无混凝土开裂、损伤，钢筋吊环有无明显变形、缩颈，预防墙板在起吊过程中脱落。 （11）无论构件大小，每次起吊只能吊一个构件，严禁在卸车过程中用钢丝绳将一叠叠合板或多根预制梁打包捆绑起吊，防止构件之间相互挤压产生起吊力矩平面外的附加内应力，而造成构件开裂等问题。 （12）作业人员佩戴安全帽、安全带，并设置安全绳，进行防高处坠落安全教育培训、监管；工人到构件顶部的摘钩作业，可使用移动式操作平台，当采用简易人字梯等工具进行登高摘钩作业时，应安排专人对梯子进行监护	 采用专用吊索具吊装 正确使用劳动防护用品

表（续）

序号	风险点	风险分析	管控措施	相关图例
4	安装时的临时斜支撑	（1）临时斜支撑设置数量不符合规定、安装不及时。 （2）楼板面斜支撑固定拉环埋设不符合规定	（1）在吊装钢丝绳卸钩前，必须按照规定数量设置临时斜支撑，不得缺少。 （2）斜支撑与地面的夹角宜为 $45°\sim60°$。 （3）斜支撑与楼板预埋的连接挂钩钢筋必须按规定焊接牢固	 临时斜支撑
5	模板支撑	支撑形式选择或施工不当造成顶板坍塌	严格按照审批通过的施工方案进行模板支撑体系的选择及模板支撑的施工	 模板支撑

序号	风险点	风险分析	管控措施	相关图例
6	夜间施工	照明不足	配备充足的照明设施	 照明设备
7	塔式起重机、升降机扶墙杆、外脚手架斜拉杆与混凝土预制(PC)外墙连接	PC外墙强度不能满足要求,造成构件破坏、机械倾翻、架体垮塌	将需设置扶墙杆件的机械设备、外脚手架参数和拟设置在PC构件部位及荷载等信息提请设计单位复核验算。不满足要求的应采取移位或增大构件强度等措施	 装配式建筑塔式起重机扶墙件

表(续)

序号	风险点	风险分析	管控措施	相关图例
8	方案及交底	无方案或方案未审批、未交底	(1) 需编制的方案至少应包括: ① 装配式构件交叉作业施工方案。 ② 建筑起重机械安全生产事故应急救援预案。 ③ 装配式构件吊装方案。 (2) 按规定审批通过、分级交底后方可施工	专项施工方案 工程名称:____XXXXXXXXXXXXXXXXXX____ 编 制 人:____XXX____ 职务:____XXX____ 审 核 人:____XXX____ 职务:____XXX____ 批 准 人:____XXX____ 职务:____XXX____ 编制日期:____年 月 日____ 编制专项施工方案

(九) 高处作业安全防护

1. 电梯井防护要点

序号	风险点	风险分析	管控措施	相关图例
1	人员坠落	人员失足从洞口坠落	(1) 电梯井首层设置双层水平安全网,两层网间距为 600 mm。在施工层处及其他每隔两层(不大于 10 m,否则应加设)设一道水平安全网。 (2) 水平安全网边缘与电梯井壁的间距应小于 150 mm。 (3) 电梯井门洞口安装高度 1 500 mm 以上的防护栏杆或者工具式防护门,防护栏杆或防护门底部设置高度不小于 180 mm 的挡脚板。 (4) 防护栏杆或防护门外侧张挂安全警示标志和警示灯,防护栏杆或防护门应设置红白相间警示色标	 电梯井防护设置

表（续）

序号	风险点	风险分析	管控措施	相关图例
2	物体坠落打击	施工层材料、工具等坠落导致下层人员受伤	（1）施工层下方一层在井道内设置硬隔离，防止施工层工具、材料坠落等。 （2）硬隔离端部与电梯井壁的距离应小于 150 mm	 电梯井隔离
3	防护被破坏	因防护被拆卸、挪移导致工人坠落	防护栏杆或防护门应牢固固定于墙体、地面上，必要时可设置警报器等措施，防止有人私自打开	 电梯井防护栏杆

表(续)

序号	风险点	风险分析	管控措施	相关图例
4	安装软硬隔离时工序不符合要求	架设材料、工序等问题,导致人员受伤害	设置硬隔离或张挂水平安全网时,可在现浇结构中埋设直径不小于 25 mm 的钩头螺栓,利用钩头螺栓架设钢管或挂设水平安全网	 电梯井硬隔离

2. 采光井防护要点

序号	风险点	风险分析	管控措施	相关图例
1	临边防护	洞口周边人员失足跌落	(1) 洞口周边设置高度不小于 1 200 mm 的防护栏杆,防护栏杆为三道横杆,第一道距地面不小于 1 200 mm,第二道距地面不小于 600 mm,第三道距地面为 200 mm。防护栏杆距离洞口边不小于 200 mm。 (2) 洞口尺寸不大于 2 000 mm 时,中间设置一道立杆;洞口尺寸大于 2 000 mm 时,立杆间距不大于 1 200 mm。 (3) 防护栏杆底部设置 200 mm 高挡脚板。 (4) 防护栏杆处应设置警示标志	 定制化临边防护

表（续）

序号	风险点	风险分析	管控措施	相关图例
2	施工人员坠落	采光井上作业面不稳,导致施工人员受到伤害	第一道防护栏杆的上部满铺脚手板并绑扎牢靠,第一道横杆下方设置一道水平安全网	采光井防护栏杆

三、案例分析

（一）机械伤害事故案例分析

1. 事故经过

2021年2月8日,某桩基工程专业分包公司1#旋挖钻机机组人员谢某在导引孔基本完成时,通知陈某准备更换直径为1.2 m的钻头。谢某通过驾驶室内显示屏查看即时监控视频影像确认无人后将机身逆时针旋转,以使钻杆对准钻头,与此同时现场管理人员张某看见陈某进入旋挖钻机旋转半径内,站在机身后方右侧履带旁,于是立即大声呼喊并制止,陈某回头望向张某未理睬仍停留在原地,随即被旋转机身挤压至履带上。张某立即通知谢某将机身回转,组织人员把陈某救出,并立即送往医院进行抢救。

2. 应急救援处置情况

事故发生于2021年2月8日10时04分,事故发生后,现场人员立即上报项目部管理人员,管理人员到场查看后将陈某送往龙岗区中心医院进行抢救。2月9日4时45分,陈某经医院抢救无效宣布死亡。

3. 相关单位安全管理情况

（1）总承包单位安全管理情况：设立了项目部，项目管理人员具有相关执业资格；建立健全了安全生产责任制，组织制定了各项安全生产规章制度和操作规程；设置了安全生产管理机构，配备了专职的安全生产管理人员；组织制订并实施了安全生产教育和培训计划，安全作业环境和安全施工措施费用按计划投入；定期开展施工现场安全检查和隐患排查；建立了特种作业人员管理档案，对旋挖钻机操作人员资格证进行了查询备案；2021 年 1 月 1 日，审查了该项目地基与基础施工方案。

（2）分包单位安全管理情况：建立健全了安全生产责任制，组织制定了各项安全生产规章制度和操作规程；项目管理人员具有相关执业资格；定期开展施工现场安全检查和隐患排查；按要求制定了项目地基与基础施工方案并上报至总包单位和监理单位审核；按要求填写施工机械进场合格验收申请表；建立了特种作业人员管理档案并上报至总包单位和监理单位备案。

4. 事故原因分析

经现场勘查询问、查阅资料、调查取证和专家分析论证，事发时旋挖钻机各项功能正常，旋挖钻机机身尾部张贴了安全警示标志，作业面按要求设置了警戒措施，旋挖钻机尾部两侧安全警示灯常亮并发出提示音，符合《旋挖钻机使用手册》的规定。作业前已对陈某进行了安全技术交底，告知了现场存在的危险作业区域和相关安全注意事项，陈某应知旋挖钻机回转半径内存在的危险。

陈某安全意识淡薄，忽视作业安全。陈某忽视安全警示标志、警示灯、声音提示，不顾管理人员制止擅自进入旋挖钻机回转半径内的危险区域导致事故发生。

该事故是一起因陈某安全意识淡薄，忽视作业安全而导致的生产安全责任事故。

5. 事故责任分析及处理意见

（1）总承包单位落实了企业安全生产的主体责任，建立健全了安全生产责任制和各项安全生产规章管理制度及操作规程；设置了安全管理机构并配备了专职的安全管理人员；保证了安全生产资金的投入使用；定期组织了安全教育培训和安全检查；与专业分包单位签订了安全生产管理协议，明确了各自的安全生产管理职责，督促专业分包单位落实安全管理职责；按照施工方案要求施工单位落实旋挖钻机的防护措施，已履行了总包单位的安全管理职责，建议不予处罚。

（2）桩基工程专业分包单位建立健全了安全生产责任制，组织制定并落实了各项安全生产规章制度和操作规程；项目管理人员具有相关执业资格；定期开展施工现场安全检查和隐患排查；按要求对作业人员进行了安全技术交底和班前安全教育；旋挖钻机作业现场安全管理措施符合要求，已履行了安全管理职责，建议不予处罚。

（二）坍塌事故案例分析

2020年5月23日，某违法建筑施工工地发生一起较大事故，造成8人死亡、1人轻伤，直接经济损失1 068万元。

1. 事故经过

2020年5月23日，9名工人在某住宅项目第4栋（以下称涉事建筑）顶层（第20层）天面浇筑"花架"（构架）混凝土时，花架模板发生倾覆向外坍塌，造成8人坠落遇难，1人坠落到脚手架上被反弹回第20层天面而受轻伤。

2. 事故原因及性质

（1）直接原因

涉事建筑第20层天面装饰花架（屋面构架）和模板向建筑外侧倾倒；预拌混凝土泵管排出方向与倾倒方向一致；泵管支座底部水平固定的2条方木为折断状态。技术原因分析如下：

① 花架梁板模板支撑采用木立柱支撑，没有设置纵横向水平拉结构造稳定措施，木立柱存在偏心受力工况，稳定性差。

② 泵送混凝土立管安装不牢固，混凝土泵机作业时，泵管晃动产生水平推力，触动木支撑架。

③ 装饰花架（屋面构架）上混凝土浇筑作业人员多，施工动荷载较大。

综合分析：在施工荷载作用下，本身处于不稳定状态下的模板支撑体系（木支撑架）向外倾覆坍塌，造成花架上面作业人员坠落。

（2）管理原因

① 建设单位管理严重缺失。

a. 建设单位主要负责人钟某年、日常管理人员钟某兆和谢某才，对单位的日常安全生产管理工作严重缺失。未组织或者参与拟定本公司的安全生产规章制度、操作规程和生产安全事故应急救援预案；未组织或者参与本公司安全生产教育和培训；未督促落实本公司重大危险源的安全管理措施；未组织或者参与本公司应急救援演练；未检查本公司的安全生产状况，未及时排查生产安全事故隐患，未提出改进安全生产管理的建议；未制止和纠正违章指挥、违反操作规程的行为；未督促落实本公司安全生产整改措施。

b. 建设单位将涉事建筑发包给不具备相应资质的邓某荣施工队，未与邓某荣施工队签订专门的安全生产管理协议；未对邓某荣施工队的安全生产工作统一协调、管理，未定期进行安全检查。

② 镇党委政府对建设单位违法违规建设和违法用地行为日常监管严重缺失。未依法依规查处建设单位拒不停工整改的违法

行为。

③ 县住建部门日常监管严重缺失。未发现建设单位违法建设行为,也未依法依规查处建设单位违法建设行为。

④ 县自然资源部门日常监管缺失。未依法依规查处建设单位违法用地行为。

(3) 事故性质

经调查认定,该事故是一起生产安全责任事故。

3. 对事故主要责任人及责任单位的处理建议

(1) 免予追究责任人员 1 人。

邓某荣,既是本次"花架"施工的"包工头",也是涉事建筑的承包人,更是事发现场作业的主要负责人。其在没有建筑施工资质、安全管理机构、专兼职的安全员和安全教育培训的情况下违法组织施工作业,对事故的发生负有直接责任。鉴于其已在事故中遇难,建议免予追究责任。

(2) 检察机关批准逮捕 6 人,由司法机关依法追究刑事责任。

4. 事故防范措施

(1) 牢固树立安全发展理念,严格执行党政领导干部安全生产责任制。

(2) 重点打击违法建设行为,切实消除各类事故隐患。

(3) 严格执行联合惩戒"黑名单"制度,依法从严从重查处。

(4) 提高依法行政水平,切实落实建设工程行业部门监管责任。

(5) 加大隐患排查力度,加强农村建房安全监管。